BERICHTE ÜBER DIE VERHANDLUNGEN DER SÄCHSISCHEN AKADEMIE DER WISSENSCHAFTEN ZU LEIPZIG

Mathematisch-naturwissenschaftliche Klasse

Band 99 · Heft 4

FROMME

DIE BEDEUTUNG DER ENTWICKLUNGSGESCHICHTE, BESONDERS DES MESENCHYMS FÜR DIE KLINIK

1952

AKADEMIE-VERLAG · BERLIN

BERICHTE ÜBER DIE VERHANDLUNGEN DER SÄCHSISCHEN AKADEMIE DER WISSENSCHAFTEN ZU LEIPZIG

Mathematisch-naturwissenschaftliche Klasse

Band 99 · Heft 4

FROMME

DIE BEDEUTUNG DER ENTWICKLUNGSGESCHICHTE, BESONDERS DES MESENCHYMS FÜR DIE KLINIK

1952

AKADEMIE-VERLAG · BERLIN

Vorgetragen in der Sitzung vom 7. Mai 1951

Manuskript eingeliefert am 19. Juni 1951

Druckfertig erklärt am 29. Juni 1952

Erschienen im Akademie-Verlag GmbH., Berlin NW 7, Schiffbauerdamm 19

Veröffentlicht unter der Lizenz Nr. 1217 des Amtes für Literatur und Verlagswesen der Deutschen Demokratischen Republik

Satz und Druck der Druckerei „Thomas Müntzer" Langensalza

Bestell- und Verlagsnummer: 2027/99/4

Preis: DM 1,75

Printed in Germany

Die normale Entwicklung des Menschen und damit die Wissenschaft der Entwicklungsgeschichte ist bisher vom Kliniker nicht in entsprechender Weise zur Erklärung pathologischer Erscheinungen, wie sie Krankheiten aufweisen, herangezogen worden, sie wurde vernachlässigt.

Wenn wir aber den Ablauf des Lebens, seine Entstehung und Entwicklung, die Störungen und das Ende, den Tod, unter allgemeinen Gesichtspunkten betrachten wollen, so ist es naheliegend, ja sogar natürlich, diesen Versuch von der Entwicklungsgeschichte aus zu unternehmen; denn die Entstehung und die Entwicklung stellen die aufsteigende Kurve des Lebens dar, die Krankheiten die Störungen der normalen Entwicklung, das Altern die absteigende Kurve und der Tod das Ende dieser Entwicklung und damit das Ende des Lebens.

Bei Durchführung dieser Gedanken, also der entwicklungsgeschichtlichen Betrachtung, müssen wir allerdings unter Entwicklung nicht nur die Ausbildung des befruchteten Eies bis zum Neugeborenen verstehen, sondern die ganze Entwicklung des Menschen, also das ganze Werden, das Altern und schließlich den Tod einbeziehen; denn die Entwicklung, die in der Hauptsache die Entstehung neuer Zellen durch Zellteilung und die Veränderung der zunächst gleichartigen Zellen in verschiedener Richtung, die Differenzierung, umfaßt, geht fortlaufend weiter und hört mit dem Abschluß des Wachstums nicht auf. Schon im Beginn der Entwicklung gehen Zellen, die nicht lebensfähig sind oder aus anderen Gründen zugrunde, und sowohl im embryonalen Stadium, im Wachstumsalter, aber auch beim Erwachsenen bis ins höchste Alter hinein müssen diese Zellen durch neue ersetzt werden. Fortlaufend also müssen sich durch Zellteilung neue Zellen bilden, und sie müssen sich weiter in verschiedenartige Formen verändern, sie müssen sich differenzieren.

Die Aufgabe des Embryo, einen fertigen Organismus aufzubauen, hat Roux als Gestaltungsfunktion bezeichnet, die Möglichkeit des Embryo, sich in jedem Stadium seiner Entfaltung in seiner Umwelt zu behaupten, als Erhaltungsfunktion. Beim erwachsenen Organismus fällt die Gestaltungsfunktion weg, aber es bleibt die Erhaltungsfunktion, und es kommt als weitere Aufgabe die Fortpflanzung hinzu. Die Erhaltungsfunktion des Embryo geht so weit, daß er die Fähigkeit hat, bei Bedarf neue Organe zu bilden. Der Embryo vermag sich also bei Veränderungen in gewissem Grade seiner Umwelt anzupassen, eine Kraft, die Peter als Plastizität des Keimlings bezeichnet hat, und die für die allmähliche Entwicklung der Arten zweifellos von Bedeutung ist.

Alle diese Fähigkeiten verlangen ein dauerndes Werden und Vergehen, also dem dauernd vor sich gehenden Zelltod muß ein immer neues Werden und Entstehen gegenüber stehen.

Dieser fortlaufende Zelltod ist eine physiologische und für das Leben wahrscheinlich notwendige Erscheinung. Korschelt schreibt: „Im normalen Lebensprozeß ist es begründet, daß während seines Verlaufs mehr oder weniger umfangreiche Teile des Körpers zugrunde gehen, um, so weit es nötig ist, durch andere ersetzt zu werden.“ Mit Peter können wir sagen: „Daß der Zelluntergang eine normale Erscheinung des Stoffwechsels ist, daß er einen Faktor für das Leben darstellt, wie Zellarbeit, Zellteilung und Wachstum.“ Ja, seine biologische Bedeutung geht so weit, daß er in gewissem Sinne lebenserhaltend ist, analog dem Reiz, der entsteht, wenn durch Trauma Zellen zugrundegehen (Versuche Haberlandts, Nekrohormone).

Wie groß das Ausmaß der dauernd im Körper zugrundegehenden Zellen ist, möchte ich am Beispiel der roten Blutkörperchen zeigen, die, wie man bestimmt weiß, nur eine

Lebensdauer von etwa 3—4 Wochen haben, so daß innerhalb dieser Zeit nach Schätzung, z. B. von PETER, rund 25 Billionen neuer roter Blutkörperchen als Ersatz für die in gleicher Zeit in gleicher Anzahl zugrundegehenden neu gebildet werden müssen. Solche Leistungen kann nur ein Gewebe vollbringen, das sich embryonale Potenzen wahrscheinlich dadurch erhalten hat, daß nur eine beschränkte Differenzierung erfolgt ist. Mit dieser Festlegung gebe ich den ersten Hinweis auf das Mesenchym; denn alle blutbildenden Organe sind rein mesenchymale Bildungen.

Welche enormen Potenzen zur Zellteilung nicht nur die befruchtete Eizelle in sich trägt, die sie ja im Leben dadurch erweist, daß aus einer Zelle sich in wenigen Monaten Aberbillionen Zellen, durch Zellteilungen entwickeln, sondern auch andere Zellen des Organismus besitzen, möchte ich kurz an Hand der Gewebszüchtung, der Explantation, zeigen.

Hierunter versteht man die Wissenschaft, die sich mit der Züchtung von Zellen und Geweben des tierischen und menschlichen Organismus außerhalb des Körpers, also auf künstlichem Nährboden, beschäftigt. Daß diese Möglichkeit überhaupt besteht, ist eine Feststellung von weittragender Bedeutung; denn es geht daraus hervor, daß sozusagen jede Zelle ein Eigenleben führt, resp. führen kann, ein Eigenleben, das im Organismus, der eine Ganzheit darstellt, durch die gegensätzliche Beeinflussung der Zellen in erheblichem Maße beeinflußt und verändert wird; denn die einzelne Zelle muß sich dem Ganzen unterordnen, sie muß der schon erwähnten Gestaltungs- und Erhaltungsfunktion des Körpers dienen, um ein harmonisches Ganze aufzubauen.

Darüber hinaus aber gibt uns die Explantation Teileinblicke in das Zelleben, die wir bisher weder anatomisch beim gesunden, noch pathologisch-anatomisch beim erkrankten Organismus erhalten konnten; denn die Histologie hat als Untersuchungsgegenstand einen Gewebsschnitt, der nicht nur nicht mehr lebt, sondern der durch vielfache Behandlung —

besser gesagt Mißhandlung — ein stark verändertes Bild ergeben muß. K. BAUER schreibt hierüber: „Was letzten Endes aus dem lebenden Gewebe geworden ist, wenn es als klassischer Schnitt als anatomisches Präparat unter das Mikroskop kommt, ist ein physikalisch und chemisch malträtiertes Objekt, das uns außerdem nur die soliden Bestandteile der histologischen Struktur zeigt, aber nichts aussagt darüber, was man die flüssige Organisation des Körpers nennt. Es ist für einen Histologen eine peinliche, wenn auch unumgängliche Notwendigkeit, daß er, um sich Einblicke verschaffen zu können in die lebende Struktur, diese lebende Struktur vorher abtöten muß. Damit ist von vornherein eine gewisse Einschränkung der Erkenntnismöglichkeiten gegeben.“ Die Explantation ist in gewissem Grade imstande, diese Lücke auszufüllen; denn bei dieser können wir manche Erscheinungen an der lebenden Zelle direkt makroskopisch und besonders mikroskopisch beobachten, also eine, wenn auch beschränkte Ergänzung zu den anatomischen und pathologisch-anatomischen Erkenntnissen erhalten.

Insbesondere können wir von den in der einzelnen Zelle liegenden unendlich vielen Potenzen Einblick in die uns hier besonders interessierenden und wahrscheinlich wichtigsten Kräfte der Zellen gewinnen. Diese sind:

1. Die Potenz zur Zellteilung, also zur Zellvermehrung und zwar durch Bildung der gleichen Zelle: die Teilungspotenz.
2. Die Potenz zur Zelldifferenzierung, also zur Bildung neuer Zellformen, die Differenzierungspotenz.
3. eine Potenz, die ich als Lebenspotenz bezeichnen möchte; denn durch Alterung tritt allmählich in jedem Organismus eine allmähliche Abnahme der Teilungs- und Differenzierungspotenz ein, es bleiben also nur noch Teile der zu Beginn des Lebens vorhandenen Potenzen zur Teilung und Differenzierung erhalten. Diesen jeweils noch vorhandenen Rest bezeichne ich als Lebenspotenz.

In früheren Arbeiten habe ich für die Teilungspotenz die von DRIESCH eingeführte Bezeichnung prospektive Potenz und für die Differenzierungspotenz prospektive Bedeutung gebraucht, und habe damit die ursprüngliche Definition von DRIESCH, ebenso wie dieses andere Autoren schon getan hatten, nicht richtig wiedergegeben.

DRIESCH hatte für die Entwicklungsmechanik folgende Definition dieser Begriffe gegeben: die prospektive Potenz einer Zelle ist das, was aus einer Zelle werden kann. Dies ist von der Umgebung abhängig. Prospektive Bedeutung ist das, was definitiv aus einer Zelle wirklich wird. Wegen der leicht entstehenden Verwirrung habe ich jetzt die oben angeführten einfachen Definitionen gewählt.

Während aus den Teilungs- und Differenzierungsverhältnissen in der Gewebekultur wichtige Schlüsse auf die Verhältnisse im lebenden Organismus gezogen werden können, so sind die Verhältnisse bei der Lebenspotenz grundsätzlich andere; denn in der Gewebekultur tritt bei vielen Zellen, z. B. bei den mesenchymalen Zellen kein Altern der Zellen ein, während bei Zellen ekto- und entodermaler Abkunft ein Altern eintreten kann. Dementsprechend kann man Bindegewebszellen, falls der Nährboden regelmäßig gewechselt wird, unbeschränkt am Leben erhalten und weiter züchten, ein Altwerden oder gar Absterben der Kultur tritt nicht ein. So sind bei den ersten Züchtungsversuchen von CARREL die sogenannten unsterblichen Bindegewebszellen entstanden. Diese Zellen können in gleicher Weise wie einzellige Lebewesen, die sich durch Teilung fortpflanzen, als potentiell unsterblich angesehen werden.

Schon in der Kultur besteht also ein gewisser Unterschied zwischen den vom mittleren Keimblatt, insbesondere dem Teil dieses Keimblattes, den wir als Mesenchym bezeichnen, abstammenden Zellen und denjenigen, die vom Ekto- oder Entoderm abstammen. Die mesenchymalen Zellen sind leichter zu züchten, sie wachsen rascher an und wachsen schneller, und ich habe in der Literatur keine dahingehenden Angaben finden können, daß die Zellen des äußeren und inneren Keimblatts in analoger Weise wie die Bindegewebszellen unsterblich sind, also fortlaufend weiter gezüchtet werden können.

Bei *erzielter Funktion* wird zwar das Wachstum langsamer, aber auch bei dieser Versuchsordnung kann eine Kultur mesenchymaler Gewebe bei richtiger Pflege jahre- und jahrzehntelang, wahrscheinlich *auf die Dauer* am Leben bleiben.

Wenn man z. B. bei Amphibien Mesodermfalten, aus denen sich die Herzanlage bildet, isoliert, so entsteht in vitro ein Hohlorgan, das weitgehend die Formen des Herzens annimmt und das nach einigen Tagen zu pulsieren anfängt. Wird der gleiche Versuch unter ganz bestimmten zeitlichen und Züchtungsbedingungen mit der präsumptiven Herzzone junger Keimscheiben des Hühnchens gemacht, so kann ebenfalls ein pulsierendes Herz gezüchtet werden.

Das Hühnerherz, das Alexis CARREL am 17. 1. 1912 in ein Reagenzglas getan hatte, und das seitdem bei entsprechender künstlicher Ernährung am Leben geblieben war, ist vor drei Jahren verstorben, weil der Betreuer es in Stich gelassen hatte. Das Herz hat also bei künstlicher Ernährung außerhalb des Körpers 35 Jahre lang gelebt und damit ein Alter erreicht, das im lebenden Organismus (Huhn) niemals möglich gewesen wäre. Bei weiterer einwandfreier Betreuung hätte es weiter leben und wahrscheinlich ein unsterbliches Herz, analog zu den unsterblichen Fibroblastenstämmen CARRELS werden können.

Weshalb wachsen nun im Körper die Zellen nicht in gleicher Weise hemmungslos? Es gibt zwei uns bekannte Bremsen, die eingeschaltet sind: die Differenzierung und die Funktion. Sobald die embryonalen ekto- oder entodermalen Zellen sich zu einem anderen Zelltyp ausdifferenziert haben, verlieren sie ihre Teilungspotenz oder diese wird schwächer. Das extremste Beispiel für den Verlust der Teilungspotenz durch Ausdifferenzierung sind die Ganglienzellen des Zentralnervensystems. Während beim niederen Tier, auch bei niederen Wirbeltieren, eine Teilungsmöglichkeit auch noch nach der Geburt, bei manchen sogar bis ans Ende des Lebens fortbesteht, sind die Ganglienzellen des Gehirns beim Menschen schon bei der Geburt völlig ausdifferenziert. Daher haben sie schon zu dieser Zeit jedes Teilungsvermögen verloren. Aus diesem Grunde ist eine Regeneration und ein Zellersatz bei Verlust von Ganglienzellen unmöglich, es kann sich kein Regenerat bilden, und eine freie Gewebszüchtung, sowie eine Transplantation werden unmöglich. Bei anderen Zellen ekto- und entodermaler Abstammung ist der Verlust der Teilungspotenz entsprechend ihrer geringeren Ausdifferenzierung kein totaler, die Teilungskraft und damit die Regenerationsfähigkeit läßt aber nach.

Das zweite Moment, das die Teilungskraft im Leben einschränkt, ist die Zellfunktion. Histophysiologische Untersuchungen von K. Peter haben ergeben, daß z. B. in einer Nierenzelle während der Mitose die Zellfunktion unterbrochen ist. Peter unterscheidet deshalb zwischen einer Arbeits- und einer Teilungszelle, d.h. die arbeitende Zelle teilt sich nicht und die sich teilende Zelle arbeitet nicht. Dieses Forschungsergebnis Peters ist durch andere Autoren nicht nur anerkannt, sondern auch auf andere Zelltypen übertragen worden, so daß wir heute mit Sicherheit einen Gegensatz zwischen Wachstum, das durch Teilung erfolgt, und Funktion annehmen müssen.

Selbstverständlich gibt es außerdem Steuerungen im Organismus, der — wie schon geschildert — eine Gestaltungs- und eine Erhaltungsfunktion zu erfüllen hat, damit ein normales Individuum entsteht, Steuerungen, die wahrscheinlich, wenigstens nach Ausbildung des Zentralnervensystems, von diesem übernommen werden. Aber es muß betont werden, daß ja auch schon vor der Entwicklung der Neuralplatte und Aussprossung der Nerven ein geordnetes normales Wachstum erfolgt. Auch die endokrinen Drüsen sind zu dieser Zeit noch nicht ausgebildet, so daß auch eine hormonale Steuerung nicht in Betracht kommt. Es ist anzunehmen, daß in jeder Zelle, die ja unendlich viele Potenzen enthalten muß, auch eine Steuerung eingebaut ist, die das Wachstum der Zellen unter Einflüssen, die von den übrigen, besonders den benachbarten Zellen kommen, regelt und in Schranken hält.

Daß eine gegenseitige Beeinflussung von Zellen stattfindet, und daß hierbei das Mesenchym, diese besondere Zellart, sich von anderen Zellen unterscheidet, ergibt sich aus folgenden Züchtungsergebnissen: Ektoderm-Explantate von Amphibienkeimen in früheren Entwicklungsstadien bilden Kulturen von Epithel. Wurde aber dieses Explantat mit Mesenchymzellen zusammen gezüchtet, so legte sich das Epithel um das Mesenchym, und es entstanden blasenartige Bildungen. Ähnliches gelingt z. B. auch bei gleichzeitiger Züchtung von Darmepithel mit Mesenchymzellen.

Besonders wichtig sind die Versuchsergebnisse von HOLTFRETER. Bei Amphibienkeimen früher Entwicklungsstufen wurden zunächst rein ektodermale Zellen gezüchtet. Es entstand ein unregelmäßiger Komplex atypischer Epidermiszellen. Wenn aber gleichzeitig Mesenchymzellen gezüchtet wurden, so entstand eine Hautblase, deren Oberfläche von epithelartig angeordneten Epidermiszellen gebildet wird, während das Bindegewebe als lockeres Netzwerk das Innere ausfüllte.

Alles dieses sind außerordentlich wichtige Versuche, die nicht nur das im Sinne einer Organisation erfolgende Zusammenleben von Zellen verschiedener Herkunft zeigen, sondern, die auch erweisen, daß durch Zwang zur Differenzierung und Organisation eine Beseitigung ungehemmten Wachstums erzielt werden kann, womit ein Problem, das bei der Karzinombekämpfung wichtig ist, angeschnitten wird. Neue Wege zur Bekämpfung maligner Tumoren können hierdurch eröffnet werden.

I. Fischer beschließt ihre Monographie: Grundriß der Gewebezüchtung mit folgenden Sätzen: „Diese schönen und methodisch mustergültig durchgeführten Versuche zeigen, wie das Zusammenwirken des Reaktionsvermögens verschiedener Gewebe die Gestaltungsprozesse des Organismus bedingt. Sie enthüllen darüber hinaus das Geordnetsein der korrelativen Beziehungen der Gewebe im Organismus. Mit diesen Experimenten ist die Gewebezüchtung aber auch wieder mit der Entwicklungsmechanik verknüpft worden, aus der sie einst hervorgegangen war, und damit ist auch die Bedeutung dieser Methode für die biologische Forschung erwiesen."

Daß gewisse Unterschiede zwischen den Zellen der vom äußeren und inneren Keimblatt einerseits und denjenigen, die vom mittleren Keimblatt und zwar dem Teil, den wir als Mesenchym bezeichnen, bestehen, habe ich schon erwähnt.

Wodurch nimmt das Mesenchym diese besondere Stellung ein? Um dieses zu erklären, muß ich kurz auf die erste Entwicklung eingehen, die am besten am niederen Wirbeltier erforscht ist. Es ist bekannt, daß die Entwicklung beim Menschen zwar etwas anders vor sich geht, im Prinzip aber in gleicher Weise erfolgt. Bei den ersten Zellteilungen haben die Zellen morphologisch ein epitheliales Aussehen, sowohl das Ekto- wie das Entoderm und zwar sowohl im Stadium der Morula, der Blastula und der Gastrula.

In diesem Stadium entsteht nach Roessle „die erste Bildung des Mesenchyms durch Lockerung von ursprünglich geschlossenen epithelialen Verbänden freier Zellen in die primäre Bauchhöhle hinein." Diesem Hineinfließen verdankt das Mesenchym seinen Namen, der von ἐνχύειν, sich hineinergießen, abgeleitet wird. Es entsteht eine neue Zellform, die Bindegewebszelle, die vielfach in einer netzförmig, also retikulär angeordneten Grundsubstanz liegt.

Dieses Bindegewebe wächst nun außerordentlich stark. Man nimmt an, daß mindestens 80 % des Körpers mesenchymal aufgebaut ist. Es bildet von Organen nur die Milz, aber es bildet alle Blutgefäße, von den Kapillaren bis zu den großen Gefäßen und das Herz, das Lymphgefäßsystem, die Lymphknoten, alle Stützsubstanzen und beteiligt sich an der Bildung aller übrigen, auch der ektodermal und entodermal gebildeten Organe, so daß es sich überall hineinschiebt. Aber es entspricht dem Sprachgebrauch, daß die Organe, die teils epitheliale, teils bindegewebige Bestandteile haben, wie z. B. die Leber und die Lunge, als ekto- resp. entodermale Organe bezeichnet werden.

Die einzigen rein ektodermal gebildeten Gewebe sind die Linse und der Vorderteil des Glaskörpers und in gewissem Sinne das Zentralnervensystem, das eine gewisse Verbindung mit dem Mesenchym nur durch die eintretenden Gefäße hat, sonst ist es rein ektodermal entstanden. Es wird durch die Blut-Liquor-Schranke eine direkte Verbindung des Mesenchyms mit dem Gehirn verhindert.

Das mesenchymale Bindegewebe, das man früher sehr wenig beachtet hat, und z. T. nur als Füllgewebe, als Lückenbüßer angesehen hat, nimmt schon dadurch, daß es die Gefäßneubildung besorgt, die Kapillaren bis zu den großen Blutgefäßen und das Herz aufbaut, eine besondere Stellung ein; denn es hat in der Blut- und Lymphversorgung sozusagen den Schlüssel zum Leben der übrigen Gewebe und Organe in der Hand. Es ist weiter wahrscheinlich ein Regulator für die Entwicklung überhaupt.

Diese Regulation geht so weit, daß die Wanderungen der Mesenchymzellen nach einem bestimmten Ziel selbst durch künstliche Eingriffe nicht verhindert werden können. DRIESCH hat nachgewiesen, daß die Mesenchymzellen beim Seeigel selbst dann ihr Ziel erreichen, wenn ihnen die Erreichung dieses Ziels, nämlich gewisser Orte des Ektoderms durch Schütteln und dadurch hervorgerufene Verlagerung erschwert wird (ROESSLE).

Da das Mesenchym sich zu sehr verschiedenartigen Zellen ausdifferenzieren kann, zu allen Zellen der Bindegewebsreihe bis zu Knorpel und Knochen und zu allen Zellen des Blutes und zwar der weißen wie der roten Blutzellen, war es außerordentlich schwer, diese verschiedenartigen Formen zu einem System zusammenzufassen. Diese Zusammenfassung zu einer Einheit ist zunächst auf funktioneller Basis erfolgt. „Die Heraushebung dieses Zellsystems wurde dadurch bedingt, daß bei Speicherungsversuchen unlöslicher Stoffe, z. B. von Farbstoffen diese wieder aus dem Blut verschwanden und nur in ganz bestimmten Zellen des Körpers noch gefunden werden konnten.“ (HUECK.)

Und weiter: „Man kann also das Reticuloendothel, wie es von ASCHOFF genannt wurde, seiner Leistung nach durch die besondere Eignung und Fähigkeit zur Phagozytose, zur Speicherung und zur Reinigung charakterisieren, daher auch das System der Makrophagen genannt“ (HUECK), eine Bezeichnung, die von METSCHNIKOFF stammt, der auch schon feststellte, daß diese Zellen z. T. seßhaft sind, aber auch trotz ihrer scheinbaren Fixierung im Bindegewebe die Fähigkeit der amöboiden Gestaltveränderung und Wanderung haben, und imstande sind, fremde Körper und körpereigene Elemente aufzunehmen. Die Speicherungen, die besonders RIBBERT und später der Freiburger Chirurg GOLDMANN durchführten, und die weiter ASCHOFF und LANDAU studiert haben, haben uns wichtige Erkenntnisse gebracht.

ASCHOFF unterschied zunächst 6 Gruppen dieser speichernden Zellen und faßte dabei 2 Gruppen zum Reticulo-endothelialen System im engeren Sinne zusammen:

Die Reticulumzellen der Milzpulpa, der Rindenknötchen und der Markstränge der Lymphknoten und schließlich das sonstige lymphatische Gewebe,

die Reticuloendothelien der Lymphsinus, der Lymphknoten, der Blutsinus der Milz, die Kapillaren der Leberläppchen (KUPFFERsche Sternzellen), die Kapillaren des Knochenmarks, der Nebennierenrinde, der Hypophyse.

Aber es hat sich allmählich besonders durch die Arbeiten Huecks die unitäre Ansicht bezüglich aller Gruppen durchgesetzt, d. h., daß alle Zellen der 6 Gruppen Aschoffs, zu denen in der Gruppe 1 auch die Endothelien aller Blut- und Lymphgefäße gehören, die innerhalb des Systems wieder eine besondere Stellung einnehmen, zusammengehören. Sie sind Abkömmlinge des embryonalen Mesenchyms.

In letzter Zeit haben Letterer und Freesen auch die morphologische Einheit zu beweisen versucht. Bei der Wandlungsfähigkeit und der z. T. Nichtseßhaftigkeit dieses Systems ist dieses nicht ganz einfach; denn die embryonalen Mesenchymzellen differenzieren sich in die verschiedensten Arten. Hueck hat direkt einen Stammbaum der embryonalen Zellen aufgestellt, die sich sowohl nach der Blutseite und damit zur Bildung aller Blutzellen wie nach der Bindegewebsseite entwickeln und damit zur Bildung aller Zellen der Bindegewebsreihe und des gesamten Stützgewebes führen können.

Der Anatom Clara nennt diese in ihrer Ursprünglichkeit erhaltene Zelle die indifferente, polymorphe, amoeboid bewegliche, pluripotente Mesenchymzelle und nimmt an, daß sie je nach den Bedingungen, denen sie ausgesetzt ist, die verschiedensten Differenzierungsprodukte liefern kann.

Diese Zellen und ihre Differenzierungsprodukte scheinen nun weiter die Eigenschaft zu haben, eine Rückdifferenzierung vornehmen zu können und sich damit ebenfalls von den übrigen Zellen zu unterscheiden und zwar aus folgenden Gründen:

1. Bei der freien Gewebszüchtung von Differenzierungsprodukten dieses Zellensystems bildet sich schließlich immer wieder rückläufig die embryonale Bindegewebszelle, der Fibroblast oder ein Reticulocyt, eine Feststellung, die kürzlich auch ein russischer Forscher Zavarzin erneut unterstrich. Zavarzin hat eine neue, meiner Ansicht nach treffende Bezeichnung für dieses zu einer Einheit gehörige Zellsystem ge-

prägt; er nennt es das Zellsystem des inneren Mediums und zwar deshalb, weil dieses Zellsystem an keiner Stelle des Körpers mit der Außenwelt in Berührung kommt und auch nicht kommen darf, da es sich um jugendliche embryonale Zellen handelt, die durch äußere Einflüsse leicht geschädigt werden; denn jede jugendliche Zelle ist besonders empfindlich, worauf ich gleich nochmals zurückkommen werde.

2. Das mesenchymale Gewebe kann unter besonderen Bedingungen im erwachsenen Körper wieder embryonale Funktionen erlangen, also Funktionen, die schon in der Embryonalzeit verloren gingen. Es kann z. B. neue Milzen bilden, es können die Leber und die Milz wie in der Embryonalzeit unter besonderen Bedingungen wieder zu Blutbildungsstätten werden. Es kann weiter die mesenchymal gebildete Nebennierenrinde wieder die Funktion einer Geschlechtsdrüse übernehmen usw. Es kann also ein Rückschlag in die Embryonalzeit eintreten.

Wichtig ist die Erkenntnis, daß dieses Zellsystem im Inneren des Körpers praktisch überall vorhanden ist (außer Teilen des Auges und in gewisser Weise des Gehirns), wenn auch je nach der Lage in verschiedener Menge. Es findet sich also auch in den sogenannten ektodermal oder entodermal gebildeten Organen, z. B. in der Leber, in der Lunge, in den Nebennieren usw. Es ist weiter wichtig, daß dieses Zellsystem embryonale Potenzen während des ganzen Lebens, wenn auch im Alter in sich verringerndem Maße, behält. Hueck schreibt: „Das Bindegewebe gehört zu den Organen, die bis in das höchste Alter hinein regenerationsfähig sind, also müssen auch im ältesten menschlichen Organismus noch Keimzellen für dieses Gewebe vorhanden sein".

Damit ist ein weiterer grundsätzlicher Unterschied zwischen den Zellen, die aus dem Ekto- und Entoderm und denjenigen, die aus dem Mesenchym gebildet werden, aufgezeigt, ein Unterschied, der den pathologischen Anatomen Boström veranlaßte, in seinem Buche „Der Krebs des Menschen" auf Grund ausgedehnter pathologisch anatomischer Erfahrungen und Überlegungen am Schluß seines Lebens seine allerdings bisher von den meisten Pathologen nicht anerkannte Ansicht folgendermaßen zusammenzufassen: „Im fertigen Organismus gibt es nur ein Dauergewebe, das während des ganzen Lebens sich erhält — und das ist das indifferente und endothelial-mesenchymale Gefäßkeimgewebe. Alle anderen Gewebe sind Zeitgewebe, weil sie entweder nur für eine gewisse Zeit gebildet, dann als zwecklos, wie VIRCHOW sagt, ‚auf natürliche Weise sterben' und nicht ersetzt werden, oder weil ihre einzelnen Bestandteile als Funktionszellen einem ständigen Verbrauch und schließlichen Untergang unterworfen sind und natürlich durch neue Zellen ersetzt werden müssen. Dieser Ersatz ist aber, worauf nicht eindringlich genug immer wieder hingewiesen werden muß, nur durch das Dauergewebe möglich. Weil alle übrigen Gewebe des fertigen Organismus infolge ihrer Berufstätigkeit und ihrer Funktionsleistungen kurzlebig und hinfällig sein müssen, war das Bestehenbleiben eines omnipotenten Dauergewebes aus der Embryonalzeit bis an das Ende des Lebens zum Ersatz und zur Bildung neuer Gewebe mit spezifischen Funktionen und Architekturverhältnissen eine absolute Notwendigkeit."

BOSTRÖM vertritt also einen sehr extremen Standpunkt, der dem übrigen Gewebe jede Regenerationskraft abspricht und diese nur dem mesenchymalen Gewebe, insbesondere dem mesenchymalen Gefäßkeimgewebe zuweist. Sicher ist es, daß diesem Gewebe schon deshalb eine besondere Bedeutung zukommen muß, da das Mesenchym, wie ich schon ausführte, durch Bildung der Kapillaren und Blutgefäße die Ernährung des übrigen Gewebes vermittelt und damit überwacht.

Daß BOSTRÖM noch weiter ging, indem er auch das Karzinom aus dem Mesenchym entstehen ließ, da er dem alten Gewebe mit spezifischer Funktion die Möglichkeit einer raschen Teilung absprach, sei nur nebenbei erwähnt, obwohl diese

Ansicht in der Literatur immer wieder von Einzelnen vertreten wird, die auch, ebenso wie Boström, eine Verbreitung des Karzinoms auf dem Blutwege ablehnen, und die Metastasenbildung ebenfalls aus dem Mesenchym entstehen lassen. Wäre diese Ansicht Boströms richtig, so würde eine freie Zellzüchtung des Epithels unmöglich sein. Es erweist aber bei der Züchtung seine Teilungs- und Lebenspotenz, wenn auch in geringerem Maße wie die mesenchymalen Zellen.

Welche Eigenschaften dieses besonderen Zellsystems, dieses Systems des inneren Mediums sind nun für unsere klinischen Auffassungen von besonderer Wichtigkeit? Es ist die Reaktionsfähigkeit, und es ist die Empfindlichkeit, Eigenschaften, die wie bekannt, jedem jugendlichen Organismus innewohnen, und die auch jede jugendliche Zelle besitzt. Durch diese beiden Eigenschaften sind die meisten klinischen Erscheinungen, die bei Krankheiten auftreten, zu erklären, wie ich kurz an einigen Beispielen zeigen möchte.

Die nach Verletzungen sofort auftretende Reaktion an der Verletzungsstelle, wie die sofort anschließende Reaktion des Körpers ist eine mesenchymale Reaktion, die sich in der Mobilisierung des ganzen Bindegewebssystems und des Blutsystems zeigt, und zwar reagiert immer das gesamte mesenchymale System.

Jede Regeneration, an welchem Organ sie auch stattfinden möge, ist vom Mesenchym abhängig, wie ich kürzlich in einem Vortrag auf dem Chirurgenkongreß zu zeigen versucht habe. Nur mesenchymfreie Organe, z. B. das Gehirn, können nicht regeneriert werden.

Die gleichen Reaktionen treten bei jeder, auch lokalen Entzündung ein. Ja, völlig physiologische Ereignisse, wie z. B. die Nahrungsaufnahme, bedingen eine mesenchymale Reaktion im ganzen Körper. Ich brauche nur daran zu erinnern, daß eine Zählung der weißen Blutkörperchen vor und nach der Nahrungsaufnahme unterschiedliche Werte ergibt, weshalb alle Blutuntersuchungen nüchtern ausgeführt werden müssen.

Es handelt sich also um ein Zellsystem, von außerordentlicher Reaktionsfähigkeit, eine Reaktionsfähigkeit, die der Kölner Pathologe LEUPOLD in jahrelangen experimentellen Untersuchungen unter Beweis gestellt und in seinem 1945 erschienenen Buch „Der Zell- und Gewebsstoffwechsel als innere Krankheitsbedingung" zusammenfassend dargestellt hat. Ohne auf Einzelheiten der z. T. umstrittenen Resultate der ausgedehnten Mäuseversuche einzugehen, kann sicher gesagt werden: Die Versuche haben erwiesen, daß man sogar durch körpereigene Organextrakte, z. B. aus der Leber oder der Haut, die durch Autolyse oder durch chemische Zusätze verändert wurden, in extremsten Verdünnungen bis zu 1 zu 100 000 bei Einspritzung oder sogar bei Aufträufeln auf die Leber Reaktionen, die bis zur Nekrose gehen können, nicht nur an Ort und Stelle, sondern auch Veränderungen im gesamten mesenchymalen System in solcher Stärke hervorrufen kann, daß schwere Krankheiten, ja in vielen Fällen der Tod der Tiere erfolgt. Die Reaktionen können so stark sein, daß sarkomartige, z. T. sogar an Karzinom erinnernde Bildungen im Körper entstehen können. Sicher kann man sagen: Die Versuche beweisen die enorme Empfindlichkeit dieser embryonalen Zellen, und sie beweisen die Einheit dieses Zellsystems und damit erneut die Ganzheit des Organismus, auch bei dieser Betrachtung von der Mesenchymlehre aus.

Die Versuche LEUPOLDS erinnern den Kliniker zwangsmäßig an die Erscheinungen bei der Allergie; denn auch bei dieser tritt rasche und schwerste Reaktion des gesamten mesenchymalen Systems auf. Die bei der Allergie notwendige Sensibilisierung muß man bei den Versuchen LEUPOLDS durch die eigenen Organe als erfolgt annehmen.

Durch meinen Vortrag möchte ich herausstellen, daß es wohl berechtigt erscheint, zwei Zellsysteme im Körper zu unterscheiden:

1. Die Zellsysteme und die Organe, die aus dem ersten und dritten Keimblatt und z. T. auch dem Mesoderm entstammen

und die ausdifferenziert sind und als Folge der Ausdifferenzierung eine mehr oder weniger wichtige Funktion im Körper übernommen haben. Diese Zellsysteme bestehen in der Hauptsache aus älteren Zellen, die die Eigenschaften der Jugend, die Reaktionsfähigkeit und die Empfindlichkeit mehr oder weniger verloren haben, die z. T. dazu dienen, die Zellen des inneren Mediums gegen die Außenwelt abzudichten und vor Schädigung zu bewahren, z. T. aber wichtige Funktionen durch innere und äußere Sekretion ausüben. Üben sie eine besondere Funktion aus, durch Ausscheidung von für den Körper wichtigen Sekreten, so haben sie sich damit von ihrer Ursprünglichkeit so weit entfernt, daß die Sekrete, obwohl z. B. zur Verdauung außerordentlich wichtig, körperfremd geworden sind. Einspritzung der Sekrete in den Körper kann ähnliche schwere Reaktionen bedingen, wie das veränderte körpereigene Eiweiß in den Leupoldschen Versuchen. Aus der klinischen Erfahrung sei erwähnt, daß das in die Bauchhöhle ergossene, z. B. aus einer geplatzten Milz, einem mesenchymalen Organ stammende Blut ohne Schaden durchgeseiht intravenös wieder reinfundiert werden kann, daß aber z. B. das durch eine Leberruptur in die Bauchhöhle ergossene Blut, das von der sezernierten Galle nicht zu trennen ist, nicht reinfundiert werden darf.

2. Das Zellsystem einschließlich der Organe, die aus dem mesenchymalen Keimgewebe entstehen und die sich nicht in solche Organe ausdifferenzieren, die eine äußere oder z. T. auch innere Sekretion haben. Dieses Zellsystem stellt das Dauergewebe, das fast den ganzen Körper durchsetzt, das Dauergewebe Boströms dar. Es enthält besonders im embryonalen omnipotenten Gefäßmesenchym, aber auch an allen übrigen Stellen, wenn auch im verringerten Maße, jugendliche embryonale Zellen, die jederzeit bereit und imstande sind, den Anforderungen zu genügen, die bei Verletzungen und Krankheiten an sie herantreten.

Altern diese Zellen, die sozusagen die Jugend des Körpers

aufrecht erhalten, oder sind sie durch äußere Schädlichkeiten zu früh verbraucht, so tritt das Altern des Gesamtorganismus ein. Der alte Satz „Der Mensch ist so alt wie sein Bindegewebe" erhält somit eine Begründung.

Weiter möchte ich noch darauf hinweisen, daß Schädigung oder Alterung dieses Zellsystems des inneren Mediums meiner Ansicht nach die Vorkrankheit, die Disposition für die Entstehung des Karzinoms abgibt; denn so begründet auch die heute im Vordergrund des Interesses stehende Mutationstheorie K. H. Bauers für die Entstehung des Krebses ist, so kann man gegen die alleinige Verlegung der Karzinomentstehung in das Epithel anführen:

1. Es ist kaum zu erklären, weshalb die, wie ich geschildert habe, alten epithelialen Zellen durch eine Mutation gerade im Alter eine so unbeschränkte Wachstumskraft erhalten können. Boström hat daher die Möglichkeit der Wiedergewinnung einer Wachstumskraft abgelehnt.

2. Es ist nicht durch die Mutationstheorie allein zu erklären, weshalb nicht viel häufiger eine solche Mutation auch in der Jugend in Erscheinung tritt, in der die Wachstumspotenzen ohne Zweifel größere sind.

3. Es ist nicht zu erklären, weshalb auf Grund einer exogenen Schädigung, die eine Mutation bedingen kann, meist Jahre und Jahrzehnte zwischen der Schädigung und dem Auftreten des Karzinoms liegen.

Diese Bedenken gegen die alleinige Herrschaft der Mutationstheorie sind dadurch zu zerstreuen, daß das jugendliche Zellsystem, das Mesenchym, in die Theorie eingeschaltet wird; denn dieses Zellsystem, das in alle Organe hineingelangt, in denen ein Karzinom aus dem gleichzeitig vorhandenen Epithel entstehen kann, ist sozusagen der Polizist des Körpers, der Fehlbildungen, zu denen auch Mutationen gehören, die wahrscheinlich viel häufiger vorkommen, als sie in Erscheinung treten, wieder beseitigt. Auch Domagk ist der Ansicht, daß Mutationen viel häufiger vorkommen, aber durch die Abwehr nicht in Erscheinung treten können.

Das jugendliche Zellsystem kann aber seine Aufgabe nicht mehr erfüllen, wenn es alt wird oder frühzeitig durch exogene Einwirkungen geschädigt und in seiner Abwehrkraft vermindert ist. Diese Schädigungen verursachen alle kanzerogenen Substanzen. Zur Entstehung eines Karzinoms ist also eine Vorkrankheit, eine Bereitschaft notwendig, die ich in einer Schädigung des mesenchymalen Zellsystems sehe.

Wenn hiergegen eingewendet wird, daß auch jugendliche Menschen an Karzinom erkranken können, bei denen von äußeren Noxen nichts bekannt ist, zu denen z. B. um nur ein praktisch wichtiges Beispiel zu nennen, der Teer, der im Tabak enthalten ist, gehört, so kann man sagen:

1. Wenn auch viele hundert kanzerogene Substanzen heute schon gefunden sind, so sind uns manche wahrscheinlich noch nicht bekannt, und
2. ist BUTENANDT auf Grund der Forschungen von COOK u. a. der Ansicht, das kanzerogene Kohlenwasserstoffe bei besonderen Stoffwechselbedingungen resp. Störungen auch im Körper selbst entstehen können.

Das Karzinom überhaupt, besonders aber manche Lokalisationen, sind zweifellos in Zunahme begriffen. Nach K. H. BAUER erfolgen zurzeit 16,6 % aller Todesfälle an Krebs, und mit 169 Krebstoten auf 10 000 ist die Sterblichkeitsziffer heute mehr als doppelt so hoch wie 1900, zu welcher Zeit nur 64 Krebstodesfälle auf 10 000 kamen. Bei manchen Krebserkrankungen, z. B. dem Krebs der Lungen, hat eine Steigerung auf mindestens das Zehnfache stattgefunden.

Diese Zunahme, die in allen Ländern westlicher Zivilisation festzustellen ist, ist nach K. H. BAUER bedingt durch die Verlängerung des Lebens auf heute durchschnittlich 64 Jahre und durch die Zunahme der Krebsnoxen, „in unserem Zeitalter der fortschreitenden Chemisierung und Technisierung unserer

Nahrung, unserer Genußmittel, ja, durch die ganze Umwelt überhaupt."

Da wir durch Operation und Bestrahlung nach K. H. BAUER nur 17,9 % der Krebsfälle zur Heilung — d. h. Rezidivfreiheit von 5 Jahren gerechnet — bringen können, während 82,1 % ungeheilt bleiben, so müssen wir unsere Bemühungen mehr im Sinne der Vorbeuge einsetzen, d. h., wenn meine Ansicht über das Mesenchym richtig ist, im Sinne der Erhaltung dieses jugendlichen Zellsystems in seiner Abwehrkraft, also Vermeiden von Schädigungen dieses Systems; und damit stimme ich, wenn auch von anderen Überlegungen ausgehend, mit DOMAGK überein. Auch nach Inerscheinungtreten des Krebses soll eine Stärkung des Abwehrsystems versucht werden.

Literatur

Aschoff: Das reticulo-endotheliale System. Vorträge über Pathologie, Gustav Fischer, Jena 1925.

Bauer, K.: Münch. med. Wschr. 1944, 23/24.

Bauer, K. H.: Das Krebsproblem. Springer-Verlag 1948.

Boström, E. Der Krebs des Menschen. Georg Thieme Verlag 1928.

Butenandt: Über das Problem der Krebsentstehung. Ref. Med. Klin. 1949, 44, 1420.

Butenandt: Neuere Beiträge der biolog. Chemie zum Krebsproblem. Chemie u. Krebs, angewandte Chemie 1940, Verlag Chemie Berlin.

Carrell u. Burrows: I. Amerk. Med. Ass. 55, 1379, 1910.

Clara, M.: Entwicklungsgeschichte des Menschen. Verlag Quelle-Meyer, Leipzig 1938.

Cook: zit. nach Butenandt.

Domagk, G.: Über Stand und Problem der Geschwulstforschung. Strahlenther. 1950, Bd. 83, H. 4.

Driesch: zit. nach Fischer-Wasels.

Fischer, I.: Grundriß der Gewebezüchtung, Verlag Gustav Fischer Jena.

Freesen. O.: Zur histologischen Morphologie des reticuloendothelialen Systems. Klin. Wschr. 7, 10, 100, 1946.

Goldmann: Bruns Beitr. Bd. 72, S. 1, 1911.

Holtfreter: zit. nach Fischer-Wasels.

Hueck, W.: Morphologische Pathologie. Georg Thieme, Leipzig 1948, 2. Aufl.

Korschelt: Regeneration und Transplantation. 1. Bd. Gebr. Bornträger, Berlin 1927.

Landau: Frankf. Ztschrift Pathol. 11, 1912.

Letterer: Z. f. allg. Path. u. path. Anatomie. Verh. d. pathol. Ges. 1934, Gustav Fischer, Jena.

Leupold: Der Zell- und Gewebstoffwechsel als innere Krankheitsbedingung. Georg Thieme Leipzig, 1945.

Metschnikoff: zit. nach Zavarzin..

Peter, K.: Grundlagen einer funktionellen Embryologie. Joh. Ambr. Barth, Leipzig 1947, Bios H. 19.

Ribbert: zit. nach Handbuch d. norm. u. pathol. Physiologie. Bd. XIV.

Roessle: Verlag d. Akademie d. Wissenschaften, Berlin 1936. Walter de Gruyter & Co.

Roux: Virch. Arch. f. pathol. anatom. Physiologie, Bd. 209, 1912.

Zavarzin: Umriß der entwicklungsgeschichtlichen Histologie des Blutes und des Bindegewebes. Staatsverlag Medgis Moskau 1945.

BERICHTE ÜBER DIE VERHANDLUNGEN DER SÄCHSISCHEN AKADEMIE DER WISSENSCHAFTEN ZU LEIPZIG

MATHEMATISCH-NATURWISSENSCHAFTLICHE KLASSE

H. Gerstner, H. Baark, H. Graul: **Der Wechselstromwiderstand der Froschhaut**
(25 Seiten · 1950 · DM 2,75
Bestell- und Verlagsnummer 2027/97/3)

Herbert Beckert: **Existenz- und Eindeutigkeitsbeweise für das Differenzenverfahren zur Lösung des Anfangsproblems, des gemischten Anfangs-Randwert- und des charakteristischen Problems einer hyperbolischen Differentialgleichung 2. Ordnung mit zwei unabhängigen Variablen.**
42 Seiten · 1950 · DM 9,—
(Bestell- und Verlagsnummer 2027/97/4)

Herbert Beckert: **Über quasilineare hyperbolische Systeme partieller Differentialgleichungen 1. Ordnung mit 2 unabhängigen Variablen. Das Anfangswertproblem, die gemischte Anfangs-Randwertaufgabe, das charakteristische Problem.**
68 Seiten · 1950 · DM 14,50
(Bestell- und Verlagsnummer 2027/97/5)

Enno Heidebroek: **Das Verhalten von zähen Flüssigkeiten, insbesondere Schmierflüssigkeiten, in engen Spalten**
40 Seiten · 24 Abbildungen · 1952 · DM 5,80
(Bestell- und Verlagsnummer 2027/97/6)

Hans Schubert: **Über eine lineare Integrodifferentialgleichung mit Zusatzkern**
52 Seiten · 1950 · DM 9,25
(Bestell- und Verlagsnummer 2027/97/7)

Helmar Krupp: **Bestimmung der allgemeinen Lösung der Schrödinger Gleichung für Coulomb-Potential**
28 Seiten · 1950 · DM 5,50
(Bestell- und Verlagsnummer 2027/97/8)

Walter Schnee: **Über magische Quadrate und lineare Gitterpunktprobleme**
48 Seiten · 1951 · DM 4,65
(Bestell- und Verlagsnummer 2027/98/1)

Bestellungen an eine Buchhandlung erbeten

FSC
www.fsc.org
MIX
Papier | Fördert gute Waldnutzung
FSC® C083411

Zeitfracht Medien GmbH
Ferdinand-Jühlke-Straße 7
99095 Erfurt, Deutschland
produktsicherheit@kolibri360.de